by Adrian Harrison

INTRODUCTION TO ABSOLUTE VALUE

January 2020

Copyright © 2020

All rights reserved. No part of this publication may be reproduced, distributed, or transmitted in any form or by any means, including photocopying, recording, or other electronic or mechanical methods, without the prior written permission of the publisher, except in the case of brief quotations embodied in critical reviews and certain other noncommercial uses permitted by copyright law. For permission requests, write to the publisher using address below.

delightfulbook@gmail.com

© 2020

Contents

RULES OF INEQUALITIES 1
ABSOLUTE VALUE 5
ABSOLUTE VALUE EQUATIONS 13
ABSOLUTE VALUE INEQUALITIES 17
TEST WITH SOLUTIONS 23
QUESTIONS 37

RULES OF INEQUALITIES

1. $a < b \Leftrightarrow a \mp c < \mp c$

2. $a < b \ (and) \ c > 0 \Leftrightarrow a.c < b.c$

3. $a < b \ (and) \ c < 0 \Leftrightarrow a.c > b.c$

4. $a < b \ (and) \ c > 0 \Leftrightarrow \dfrac{a}{c} < \dfrac{b}{c}$

5. $a < b \ (and) \ c < 0 \Leftrightarrow \dfrac{a}{c} > \dfrac{b}{c}$

6. $a, b \in R^+ \ (and) \ a < b \Leftrightarrow \dfrac{1}{a} > \dfrac{1}{b}$

(Example):

$3x - 18 < 0 \Rightarrow (SS) = ?$

(Solution):

3x-18<0

3x<18

X<6

(SS)={x│-∞ < x < 6 (and) x ∈ Q} (or)

(SS)=(-∞,6)

(Example):

$\dfrac{x}{2} - 3 \leq \dfrac{3x-1}{5} \Rightarrow (SS) = ?$

(Solution):

$\dfrac{x}{2} - 3 \leq \dfrac{3x-1}{5}$

$10.\dfrac{x-6}{2} \leq \dfrac{3x-\overset{+}{}}{5}.10$

$5(x-6) \leq (3x-1).2$

$5x - 30 \leq 6x - 2$

$2 - 30 \leq 6x - 5x$

$-28 \leq x$

(SS)=(-28, +∞)

(Example):

$3 < \dfrac{5-7x}{6} \leq 5 \quad \Rightarrow (SS) = ?$

(Solution):

$3 < \dfrac{5-7x}{6} \leq 5$

$6.3 < 6 \cdot \dfrac{5-7x}{6} \leq 6.5$

$18 < 5 - 7x \leq 30$

$-5 + 18 < -5 + 5 - 7x \leq -5 + 30$

$13 < -7x \leq 25$

$\dfrac{13}{-7} > \dfrac{-7x}{-7} \geq \dfrac{25}{-7}$

$\dfrac{-13}{7} > x \geq -\dfrac{25}{7}$

$(SS) = \left[-\dfrac{25}{7}, -\dfrac{13}{7} \right]$

(Example):

$\left. \begin{array}{l} 3x + 5 \leq 86 \\ \dfrac{-2x+1}{3} < 7 \end{array} \right\} \Rightarrow (SS) = ?$

(Solution):

$3x + 5 \leq 86$ $\dfrac{-2x + 1}{3} < 7$

$3x \leq 81$ $-2x + 1 < 2^1$

$x \leq 27$ $-2x < 20$

 $x > -10$

(SS)= (-10, 27)

(Example):

$\left.\begin{array}{l} 3x - 7 \geq 2x + 1 \\ 5x + 3 < 3x - 7 \end{array}\right\} \Rightarrow (SS) = ?$

(Solution):

$3x - 7 \geq 2x + 1$ $5x + 3 < 3x - 7$

$3x - 2x \geq 7 + 1$ $5x - 3x < -3 - 7$

$x \geq 8$ $2x < -10$

 $x < -5$

(SS)=∅

ABSOLUTE VALUE

(Definition): $|x| = \begin{cases} x, & x > 0 \\ 0, & x = 0 \\ -x, & x < 0 \end{cases}$

Such an expression is called absolute value of x and shown by $|x|$.

1. $a \geq 0 \Rightarrow |a| = a$
2. $a < 0 \Rightarrow |a| = -a$

BASIC PROPERTIES

1. $|-5| = 5, |-3,15| = 3,15$
   $|-\sqrt{2}| = \sqrt{2}$

2. $n \in N^+, a \in R - \{0\}$
   $|a^n| = |a|^n$

   If n is an odd natural number, $|a^n| \neq a^n$

   If n is an even natural number, $|a^n| = a^n$

(Example):

1. $|(x-3)^3| \neq (x-3)^3$
2. $|(x-2)^2| = (x-2)^2$
3. $|(-7)^5| \neq (-7)^5$
4. $|(-3)^6| = (-3)^6$

3. $a, b \in R^+$, $a > b$

$$\begin{cases} |a-b| = a-b \\ |b-a| = a-b \end{cases}$$

$|a-b| = |b-a|$

(Example):

$b - 3c < 2a\sqrt{2}$ (and) $|b - 3c - 2a| = 3c - 4a$

$\Rightarrow \dfrac{4a + 3b}{b - 5a} = ?$

A)16 B)18 C)20 D)22
E)24

(Solution):

$b - 3c < 2a$

$|b - 3c - 2a| = 3c - 4a$

$2a - (b - 3c) = 3c - 4a$

$2a - b + 3c = 3c - 5 = 4a$

$6 \cdot a = b$

$\dfrac{4a + 3b}{b - 5a} = \dfrac{4a + 3.6a}{6a - 5a} = \dfrac{22a}{a} = 22$

(Example):

$3 < x < 8 \Rightarrow |2 - x| + |8 - x| = ?$

A)2 B)4 C)6 D)8
E)10

(Solution):

$2 < x \Rightarrow |2 - x| = x - 2$
$x < 8 \Rightarrow |8 - x| = 8 - x$
$|2 - x| + |8 - x| = x - 2 + 8 - x$
$$= 6$$

(Example):

$4 < x < 8 \Rightarrow |3 - x| - |x - 4| - |x - 8| = ?$

A)x+17 B)x-7 C)3x-7 D)3x+7
E)x+15

(Solution):

$4 < x \Rightarrow |3 - x| = x - 3$

$4 < x \Rightarrow |x - 4| = x - 4$

$x < 8 \Rightarrow |x - 8| = 8 - x$

$|3 - x| - |x - 4| - |x - 8| = x - 3 - (x - 4) - (8 - x)$

$\qquad\qquad\qquad\qquad = x - 3 - x + 4 - 8 + x$

$\qquad\qquad\qquad\qquad = x - 7$

(Example):

$4 < x < 9 \Rightarrow |x - |x - 4| + 3| + 2x + 3 = ?$

A) $10+2x$ B) $8+2x$ C) $6+2x$
D) $4+2x$ E) $2+x$

(Solution):

$4 < x \Rightarrow |x - 4| = x - 4$

$|x - |x - 4| + 3| + 2x + 3 = |x - (x - 4) + 3| + 2x + 3$

$|x - x + 4 + 3| + 2x + 3$

$= 10 + 2x$

4. $a, b, c \in R$

$|a| + |b| + |c| = 0 \Rightarrow a = 0, b = 0, c = 0$

(Example):

$|x-3| + |2y + x - 25| = 0 \Rightarrow y = ?$

A)7 B)11 C)15 D)14
E)23

(Solution):

$|x - 3| + |2y + x - 25| = 0$

$|x - 3| = 0 \Rightarrow x = 3$

$2y + x - 25 = 0 \Rightarrow 2y + 3 - 25 = 0$

$\Rightarrow 2y = 22$

$\Rightarrow y = 11$

(Example):

$|a - 2| + |b - 4a| + |c - 2b| = 0 \Rightarrow a + 2b + 3c = ?$

A)62 B)63 C)64 D)65
E)66

(Solution):

$a - 2 = 0 \Rightarrow a = 2$

$b - 4a = 0 \Rightarrow b = 4.2 = 8$

$c - 2b = 0 \Rightarrow c = 2.8 = 16$

$a + 2b + 3c = 2 + 2.8 + 3.16$

$$= 2 + 16 + 48$$

$$= 66$$

Absolute value of an expression cannot be equal to a negative number

$\forall x \in R \Rightarrow \sqrt{x^2} = |x|$

$\sqrt{x^4} = x^2, \sqrt{x^8} = x^4, \ldots\ldots$

(Example):

$x < 0, \dfrac{\sqrt{x^2}}{x} + 3 = ?$

A)1 B)2 C)3 D)4
E)5

(Solution):

$\dfrac{\sqrt{x^2}}{x} + 3 = \dfrac{|x|}{x} + 3$

$$= \frac{-x}{x} + 3$$

$$-1 + 3$$

$$= 2$$

(Example):

$$x > 3, \frac{\sqrt{x^2 - 6x + 9}}{x^2 - 9} + \frac{1}{x + 3}$$

A) x+1 B) x+3 C) $\frac{2}{x+3}$ D) $\frac{x+3}{2}$

E) $\frac{x+3}{4}$

(Solution):

$$\frac{\sqrt{(x-3)^2}}{(x-3).(x+3)} + \frac{1}{x+3} = \frac{|x-3|}{(x-3).(x+3)} + \frac{1}{x+3}$$

$$= \frac{x-3}{(x-3).(x+3)} + \frac{1}{x+3}$$

$$= \frac{2}{x+3}$$

(Example):

$a,b \in R, a < \dfrac{b}{2} \Rightarrow \sqrt{(2a-b)^2} - \sqrt{(a-b)^2} = ?$

A) -a B) $\dfrac{a+b}{2}$ C) a+b
D) a+2b E) 2a+2b

(Solution):

$= \sqrt{(2a-b)^2} - \sqrt{(a-b)^2}$

$= |2a-b| - |a-b|$

$= b - 2a - (b-a) = -a$

ABSOLUTE VALUE EQUATIONS

1. $a > 0$

$$|x| = a \Rightarrow \begin{cases} x_1 = a \\ x_2 = -a \end{cases}$$

2. $b \in R^+$

$$|x - a| = b \Rightarrow \begin{cases} x - a = b \Rightarrow x_1 = a + b \\ x + a = -b \Rightarrow x_2 = a - b \end{cases}$$

$\begin{rcases} x < 0 \\ y > 0 \end{rcases} \Rightarrow |xy| = -xy$

$\begin{rcases} x < 0 \\ y < 0 \end{rcases} \Rightarrow |xy| = xy$

(Example):

$$\left|\frac{2x - 1}{5}\right| = 7 \Rightarrow (SS) = ?$$

A){16,17} B){-17,-18} C){-17,18}
D){17,18} E){18,-19}

(Solution):

$$\left|\frac{2x - 1}{5}\right| = 7$$

$$\frac{2x-1}{5} = 7$$

$2x - 1 = 35$

$2x = 36$

$x_1 = 18$

$(SS) = (-17, 18)$

$$\frac{2x-1}{5} = -7$$

$2x - 1 = -35$

$2x = -34$

$x_2 = -17$

(Example):

$|x^2 - 1| = 3 \Rightarrow (SS) = ?$

A){1,2}   B){2,2)   C){-2,2)   D){2,3)
E){-2,-5)

(Solution):

$$|x^2 - 1| = 3$$

$x^2 - 1 = 3$ $x^2 - 1 = -3$

$x^2 = 4$ $x^2 = -2$

$|x| = 2$

$\left.\begin{array}{l}x_1 = 2\\x_2 = -2\end{array}\right\} \Rightarrow (SS) = \{-2, 2\}$

(Example):

$|x - 4| + \sqrt{x^2 - 8x + 16} = 12 \Rightarrow x_1 x_2 = ?$

A)-25   B)-20   C)-15   D)-10
E)-5

(Solution):

$|x - 4| + \sqrt{(x - 4)^2} = 2$

$|x - 4| + |x - 4| = 2$

$2|x - 4| = 12$

$\qquad\qquad |x - 4| = 6$

$x - 4 = 6 \qquad\qquad\qquad x - 4 = -6$

$x_1 = 10 \qquad\qquad\qquad x_2 = -20$

$x_1 \cdot x_2 = 10 \cdot (-2) = -20$

(Example):

$A^2 - 7A + 10 = 0 \; (and) \; |x - 3| = A \Rightarrow \sum x = ?$

A)8   B)9   C)10   D)11
E)12

(Solution):

$A^2 - 7A + 10 = 0$

$(A - 2).(A - 5) = 0$

$A = 2 \quad (or) \qquad A = 5$

$\qquad\qquad x - 3 = 2 \to x_1 = 5$

$|x - 3| = 2$

$\qquad\qquad x - 3 = -2 \to x_2 = 1$

$\qquad\qquad x - 3 = 5 \to x_3 = 8$

$|x - 3| = 5$

$\qquad\qquad x - 3 = -5 \to x_4 = -2$

$x_1 + x_2 + x_3 + x_4 = 5 + 1 + 8 - 2$

$= 12$

ABSOLUTE VALUE INEQUALITIES

1. $a \in R^+$
   $|x| < a \Leftrightarrow -a < x < a$
   $|x| < 5 \Leftrightarrow -5 < x < 5$
   $|x| < \dfrac{3}{4} \Leftrightarrow -\dfrac{3}{4} < x < \dfrac{3}{4}$
   $|x| < 0 \Rightarrow (SS) = \emptyset$
   $|x| < -3 \Rightarrow (SS) = \emptyset$

2. $a \in R^+$
   $|x| > a \Rightarrow \begin{cases} x > a \\ x < -a \end{cases}$

   $\xleftrightarrow{}$
   $-a \qquad\qquad a$

   Numbers in the solution set are in the dark region.

(Example):

$|x| < 10 \ (and) \ x - 2y = 4 \Rightarrow ? < y < ?$

A) -7<y<-3   B) -7<y<-1   C) -7<y<3   D) -6<y<2
              E) -6<y<3

(Solution):

$|x| < 10$ $x - 2y = 4$

$-10 < x < 10$ $x = 2y + 4$

$-10 < 2y + 4 < 10$

$-14 < 2y < 6$

$-7 < y < 3$

(Example):

$|x| < 6 \ (and) \ y = \dfrac{k}{2} + 4 \Rightarrow \sum y = ?$

A) 17   B) 18   C) 19   D) 20
E) 21

(Solution):

$y = \dfrac{x}{2} + 4 \Rightarrow y - 4 = \dfrac{x}{4}$

$\Rightarrow x = 2y - 8$

$|x| < 6 \Leftrightarrow |2y - 8| < 6$

$-6 < 2y - 8 < 6$

$2 < 2y < 14$

$1 < y < 7$

$\sum y = 2 + 3 + 4 + 5 + 6 = 20$

3. $a \in R^+ \ \ |x - b| < a \Rightarrow -a < x - b < a$

$\Rightarrow b - a < x < a + b$

(Example):

$\left|\dfrac{2x-3}{5}\right| > 3 \Rightarrow ? < x < ?$

A)-6<x<9 B)-6<x<8 C)-7<x<9 D)-8<x<10 E)-8<x<11

(Solution):

$\left|\dfrac{2x-3}{5}\right| < 3$

$-3 < \dfrac{2x-3}{5} < 3$

$-15 < 2x - 3 < 15$

$-12 < 2x < 18$

$-6 < x < 9$

(Example):

$|2x - 3| \leq 9$

$x \in Z \Rightarrow \sum x = ?$

A)12 B)13 C)14 D)15
E)16

(Solution):

$-9 \leq 2x - 3 \leq 9$

$-6 \leq 2x \leq 12$

$-3 \leq x \leq 6 \Rightarrow$

$x = -3 - 2 - 1 + 1 + 2 + 3 + 4 + 5 + 6 = 15$

(Example):

$\dfrac{|2x-1|-9}{|x-3|} < 0 \Rightarrow \sum x = ?$

A)0 B)1 C)2 D)3
E)4

(Solution):

$|x - 3| > 0 \ (and) x - 3 \neq 0, x \neq 0$

$|2x - 1| - 9 < 0$

$-9 < 2x - 1 < 9$

$-8 < 2x < 10$

$\qquad -4 < x < 5$

$-3 \quad -2 \quad -1 \quad 0 \quad 1 \quad 2 \quad 4$

$x = -3-2-1+0+1+2+3+4 = 1$

$a, b \in R^+$

$a < |x| < b$

$a < x < b \qquad -b < x < -a$

(Example):

$3 < |x - 4| < 7 \Rightarrow (SS) = ?$

A) $(7,11) \cup (-3,1)$ B) $(7,11) \cup (-3,-1)$
C) $(7,12) \cup (-3,1)$

D) $(6,11) \cup (-3,-1)$ D) $(6,11) \cup (-4,1)$

(Solution):

$$3 < |x - 4| < 7$$

$3 < x - 4 < 7 \qquad -7 < x - 4 < -3$

$7 < x < 11 \qquad \quad -3 < x < 1$

$(SS) = (7,11) U (-3,1)$

(Example):

$|x - 2| < |x + 3| \Rightarrow (SS) = ?$

A) $(-\infty, -1)$ B) $(-1,1)$ C) $(-\frac{1}{2}, 1)$
D) $(-\frac{1}{2}, \infty)$ E) $(0, +\infty)$

(Solution):

$|x - 2| < |x + 5|$

$(x - 2)^2 < (x + 3)^2$

$x^2 - 4x + 4 < x^2 + 6x + 9$

$-5 < 10x$

$-\frac{1}{2} < x$

$(SS) = (-\frac{1}{2}, +\infty)$

TEST WITH SOLUTIONS

1. $2x - 4 < 6 \Rightarrow x - ?$

A) x>10 B) x>6 C) x>5 D) x<5
E) x<6

(Solution):

$2x - 4 < 6$

$2x < 6 + 4$

$2x < 10$

$\dfrac{2x}{2} < \dfrac{10}{2}$

$x < 5$

2. $5 - 2x \leq x + 2 \Rightarrow x \geq ?$
3.

A) $x \geq -3$ B) $x \geq -2$ C) $x \geq -1$ D) $x \geq 0$
E) $x \geq 1$

(Solution):

$5 - 2x \leq x + 2$

$5 - 2 \leq x + 2x$

$3 \leq 3 \cdot x$

$\dfrac{3}{3} \leq \dfrac{3 \cdot x}{3}$

$1 \leq x \Rightarrow x \geq 1$

4. $3x - |(2-x) + 2x| + 1 < x, x - 5 \Rightarrow x < ?$

A) x<-6   B) x<-5   C) x<-4   D) x<-3   E) x<-2

(Solution):

$3x - |(2-x) + 2x| + 1 < x - 5$

$3x - |2 - x + 2x| + 1 < x - 5$

$3x - 2 + x - 2x + 1 < x - 5$

$2x - 1 < x - 5$

$2x - x < -5 + 1$

$x < -4$

5.
6. $\dfrac{2x-3}{5} < \dfrac{x-2}{7} + \dfrac{1}{3} \Rightarrow x < ?$

A) $x < \dfrac{27}{68}$ B) $x < \dfrac{68}{27}$ C) $x < \dfrac{27}{50}$

D) $x < \dfrac{50}{27}$ E) $x < \dfrac{27}{40}$

(Solution):

$$\frac{2x-3}{5} < \frac{x-2}{7} + \frac{1}{3}$$
$$(21) \quad (15) \quad (35)$$

$$\frac{42x-63}{105} < \frac{15x-30+35}{105}$$

$$42x - 63 < 15x + 5$$

$$42x - 15x < 15x + 5$$

$$27x < 68$$

$$x < \frac{68}{27}$$

7. $\frac{x-1}{4} - 3 \leq \frac{2x-1}{3} + x \Rightarrow ? \leq x$

A) $-\frac{35}{17} \leq x$ B) $-2 \leq x$ C) $-\frac{33}{17} \leq x$

D) $-\frac{32}{17} \leq x$

E) $-\frac{31}{17} \leq x$

(Solution):

$$\frac{x-1}{4} - \frac{3}{1} \leq \frac{2x-1}{3} + \frac{x}{1}$$
$$(3) \quad (12) \quad (4) \quad (12)$$

$$\frac{3x - 3 - 36}{12} \leq \frac{8x - 4 + 12x}{12}$$

$$3x - 39 \leq 20x - 4$$

$$-39 + 4 \leq 20x - 3x$$

$$-35 \leq 17.x$$

$$-\frac{35}{17} \leq \frac{17.x}{17}$$

$$-\frac{35}{17} \leq x$$

8. $4.(x+1) - 2 > -\frac{1}{2}(x-1) \Rightarrow x \in ?$

A) $x<0$ B) $x>\frac{1}{2}$ C) $x>-\frac{1}{3}$ D) $x<\frac{1}{3}$

E) $x<-1$

(Solution):

$$4.(x+1) - 2 > \frac{x-1}{2}$$

$$4x + 4 - 2 > \frac{1-x}{2}$$

$$\frac{4x+2}{1} > \frac{1-x}{2}$$
(2)

$$\frac{8x+4}{2} > \frac{1-x}{2}$$

$$8x+4 > 1-x$$

$$8x+x > 1-4$$

$$\frac{9x}{9} > \frac{3}{9}$$

$$x > -\frac{1}{3}$$

9. $x \in R, \dfrac{-3x+6}{x^2+1} < 0 \Rightarrow x \in ?$

A)-1<x<0 B)X>2 C)x<2

D)0<x<$\frac{1}{2}$ E) $-\frac{1}{2} < x < 2$

(Solution):

$$\frac{-3x+6}{x^2+1} < 0$$

$$x^2+1 > 0$$

$$-3x+6 < 0$$

$$6 < 3x$$

$$\frac{6}{3} < \frac{3x}{3}$$

$$2 < x$$

10. $a < b < 0 \Rightarrow |a+b| + |b-a| = ?$
11.

A) 2b B) -b C) -a D) -2a
E) 2a

(Solution):

$a < 0, b < 0 \Rightarrow a + b < 0$

$a < b \qquad \Rightarrow 0 < b - a$

$|a+b| + |b-a|$

$= -a - b + b - a$

$= -2a$

12. $5x + 2 < 3.(x-1) \Rightarrow x < ?$

A) $x < -\frac{5}{2}$ B) $x < -3$ C) $x < -\frac{7}{2}$
D) x<-4
E) $x < -\frac{9}{2}$

(Solution):

$5x + 2 < 3.(x - 1)$

$5x + 2 < 3x - 3$

$5x - 3x < -3 - 2$

$2x < -5$

$\dfrac{2x}{2} < \dfrac{-5}{2}$

$x < -\dfrac{5}{2}$

13. $\dfrac{-2}{1-x} > 0 \Rightarrow x \in ?$

A) x<0 B) 0<x<1 C) x<-1 D)-
1<x<0   E) 1<x

(Solution):

$\dfrac{-2}{1-x} > 0$

$1 - x < 0$

$1 < x$

14. $x + 2y - 12 = 0, 2 < y < 6 \Rightarrow ? < x < ?$

A)0<x<6   B)0<x<8   C)2<x<6
D)2<x<6   E)8<x<10

(Solution):

$x + 2y - 12 = 0$

$2y = 12 - x$

$\dfrac{2y}{2} = \dfrac{12 - x}{2}$

$y = \dfrac{12 - x}{2}$

$2 < y < 6 \Rightarrow 2 < \dfrac{12 - x}{2} < 6$

$4 < 12 - x < 12$

$-8 < -x < 0$

$8 > X > 0$

15. $a < 0 < b \Rightarrow \sqrt{a^2 - 2ab + b^2} + |b - a| = ?$

A)2b   B)2a-b   C)2b-2a   D)2a-2b
              E)a-b

(Solution):

$a < b \Rightarrow a - b < 0$

$$\Rightarrow b - a > 0$$

$$\sqrt{a^2 - 2ab + b^2} + |b - a| = \sqrt{(a-b)^2} + |b - a|$$

$$= |a - b| + |b - a|$$

$$= -a + b + b - a$$

$$= 2b - 2a$$

16. $|4 - 3x| = 2 \Rightarrow (SS) = ?$

A) $\left\{\frac{2}{3}, 2\right\}$ B) $\left\{\frac{1}{3}, 2\right\}$ C) $\left\{\frac{2}{3}, 1\right\}$

D) $\{1, 2\}$ E) $\left\{\frac{1}{3}, 1\right\}$

(Solution):

$|4 - 3x| = 2 \Rightarrow 4 - 3x = 2 \; (or) \; -4 + 3x = 2$

$4 - 2 = 3x$ $\qquad$ $3x = 4 + 2$

$2 = 3.x$ $\qquad\qquad$ $3x = 6$

$\frac{2}{3} = x$ $\qquad\qquad$ $x = 2$

$SS = \left\{\frac{2}{3}, 2\right\}$

17. $1 < x < 3 \Rightarrow \sqrt{x^2 - 6x + 9} - \sqrt{x^2 - 2x + 1} = ?$

A)2x-3   B)2x-4   C)2x-5   D)-2x+4
E)-2x+5

(Solution):

$1 < x \Rightarrow 0 < x - 1$

$x < 3 \Rightarrow x - 3 < 0$

$\sqrt{x^2 - 6x + 9} - \sqrt{x^2 - 2x + 1} = \sqrt{(x-3)^2} - \sqrt{(x-1)^2}$

$= |x - 3| - |x - 1|$

$= -x + 3 - (x - 1)$

$= -2x + 4$

18. $a < b \Rightarrow a - b < 0$
$\sqrt{a^2} + \sqrt{(a-b)^2} - \sqrt{(c-b)^2} + \sqrt{(c-a)^2} = ?$

A)2b-3a   B)2b-a   C)3b-a
D)3b-3a   E)2b-2a

(Solution):

$a < b \Rightarrow a - b < 0$

$b < c \Rightarrow 0 < c - b$

$a < c \Rightarrow 0 < c - a$

$\sqrt{a^2} + \sqrt{(a-b)^2} - \sqrt{(c-b)^2} + \sqrt{(c-a)^2}$

$= |a| + |a - b| - |c - b| + |c - a|$

$= -a + (-a + b) - (c - b) + (c - a)$

$= -a - a + b - c + b + c - a$

$= 2b - 3a$

19. $x \in R, |3x - 12| = 12 - 3x \Rightarrow x \leq ?$

A) $x \leq 3$ B) $x \leq 4$ C) $x \leq 5$
D) $x \leq 6$
E) $x \leq 7$

(Solution):

$|3x - 12| = 12 - 3x \Rightarrow 3x - 12 \leq 0$

$\Rightarrow 3x \leq 12$

$\Rightarrow \dfrac{3x}{3} \leq \dfrac{12}{3}$

$x \leq 4$

20. $|5 - x| + x = 7 \Rightarrow (SS) = ?$

A){4} B){5} C){6} D){7}
E){8}

(Solution):

$|5 - x| + x = 7$

$5 - x + x = 7 \quad (Or) - 5 + x + x = 7$

$2x = 7 + 5$

$x = 6$

21. $|2x - 1| < 5 \Rightarrow ? < x < ?$

A) -3<x<5 B) -5<x<0 C) -5<x<1
D) -3<x<2

E) -2<x<3

(Solution):

$|2x - 1| < 5 \Rightarrow -5 < 2x - 1 < 5$

$-4 < 2x < 6$

$-2 < x < 3$

22. $|3 - 5x| \leq 13 \Rightarrow ? < x < ?$

A) $-5 \leq x < -2$ B) $-3 \leq x \leq \dfrac{11}{3}$ C) $-3 \leq \leq 3$

D) $-2 \leq x \leq \dfrac{16}{5}$ E) $-2 \leq x \leq 4$

(Solution):

$|3-5x| \leq 13 \Rightarrow -13 \leq 3-5x \leq 13$

$-16 \leq -5x \leq 10$

$\dfrac{16}{5} \geq x \geq -2$

23. $|2-x| > 10 \Rightarrow x \in ?$

A) x<-10, x>10   B) x<-6, x>10   C) x<-6, x>12

D) x<-8, x>10   E) x<-8, x>12

(Solution):

$|2-x| \geq 10$

$2 - x > 10$ (or) $-2 + x > 10$

$2 - 10 > x$ (or) $x > 10 + 2$

$-8 > x$ (or) $x > 12$

24. $x < -1$ (and) $2x + |x+1| = -6 \Rightarrow x = ?$

A) -8   B) -7   C) -6   D) -5
E) -4

(Solution):

$x < -1 \Rightarrow x + 1 < 0$

$2x + 1x + 11 = -6$

$2x - x - 1 = -6$

$x = -6 + 1$

$x = -5$

25. $|2x + 7| < 9 \Rightarrow ? < x < ?$

A) -8<x<1 B) -4<x<-5 C) -8<x<8

D) -5<x<6 E) -7<x<9

(Solution):

$|2x + 7| < 9 \Rightarrow -9 < 2x + 7 < 9$

$\qquad -16 < 2x < 2$

$\qquad \dfrac{-16}{2} < \dfrac{x}{2} < \dfrac{2}{2}$

$\qquad -8 < x < 1$

QUESTIONS

1. $x < -5, |x+5| = 3 \Rightarrow x = ?$

A)-2 B)-4 C)-6 D)-7
E)-8

(Solution):

$x < -5 \Rightarrow x + 5 < 0$

$|x + 5| = 3$

$-x - 5 = 3$

$-x = 3 + 5$

$-x = 8$

$x = -8$

2. $|x - 3| + 4 = 5 \Rightarrow x \in ?$

A){-2,4} B){-6,2} C){-4,4}
D){6,12} E){2,4}

(Solution):

$|x - 3| + 4 = 5 \Rightarrow |x - 3| = 5 - 4$

$|x - 3| = 1$

$x - 3 = 1$ (or) $-x + 3 = 1$

$x = 4$ (or) $-x = -2$

$x = 2$

SS={2,4}

3. $-5 < x < -1, |x + 1| + |x + 5| + a = 7 \Rightarrow a = ?$

A) 1   B) 3   C) 5   D) 7
E) 11

(Solution):

$-5 < x \Rightarrow 0 < x + 5$

$x < -1 \Rightarrow x + 1 < 0$

$|x + 1| + |x + 5| + a = 7$

$-x - 1 + x + 5 + a = 7$

$4 + a = 7$

$a = 3$

4. $|x + 1| \leq 5 \Rightarrow ? \leq x \leq ?$

A) $-6 \leq x \leq 5$ B) $-6 \leq x \leq 4$ C) $-7 \leq x \leq 5$

D) $-7 \leq x \leq 4$ E) $5 \leq x \leq 6$

(Solution):

$|x+1| \leq 5 \Rightarrow -5 \leq x+1 \leq 5$

$-6 \leq x \leq 4$

5. $|3x+4| < 5 \Rightarrow ? < x < ?$

A) $-6 < x < \dfrac{1}{3}$ B) $-6 < x < 3$ C) $\dfrac{1}{3} < x < 3$

D) $-3 < x < \dfrac{1}{3}$ E) $3 < x < 6$

(Solution):

$|3x+4| < 5 \Rightarrow -5 < 3x+4 < 5$

$-9 < 3x < 1$

$\dfrac{-9}{3} < \dfrac{3x}{3} < \dfrac{1}{3}$

$-3 < x < \dfrac{1}{3}$

6. $|2x-a| < a,$ $a > 0 \Rightarrow ? < x < ?$

A) $0 < x < a$ B) $2 < x < a$ C) $a < x < 2a$

D) $\dfrac{a}{4} < x < \dfrac{a}{2}$ E) $\dfrac{a}{2} < x < a$

(Solution):

$|2x - a| < a \Rightarrow -a < 2x - a < a$

$0 < 2x < 2a$

$\dfrac{0}{2} < \dfrac{2x}{2} < \dfrac{2a}{2}$

$0 < x < a$

7. $a < 0 < b \Rightarrow |2a - b| + |2b - a| = ?$

A) $3 \cdot (b - a)$ B) $2(a - b)$ C) $b - a$

D) $a - b$ E) $a + b$

(Solution):

$a < 0$

$2a < 0$

$2a - b < 0$

$0 < b$

$0 < 2b$

$0 < 2b - a$

$|2a - b| + |2b - a| = -2a + b + 2b - a$

$= 3a + 3b$

$3.(b - a)$

8. $x, y \in Z^+, x > y, |y - x| + |y - 1| = 5 \Longrightarrow x = ?$

A) 2   B) 3   C) 4   D) 5
E) 6

(Solution):

$y < x \Longrightarrow y - x < 0$

$y - 1 \geq 0$

$|y - x| + |y - 1| = 5$

$-y + x + y - 1 = 5$

$x = 6$

9. $b - c > 0, 2b = a + 1, \dfrac{a}{2} + x = c \Longrightarrow x \in ?$

A) $-2,\infty)$ B) $\left(-\infty, -\frac{1}{2}\right)$ C) $\left(\frac{1}{2},\infty\right)$

D) $\left(-\infty,\frac{1}{2}\right)$ E) $(-\infty,2)$

(Solution):

$$\frac{a}{2}+\frac{x}{1}=c$$

$$\frac{a+2x}{2}=\frac{c}{1}$$

$$a+2x=2c$$

$$b-c> \Rightarrow 2b-2c>0$$

$$a+1-(a+2x)>0$$

$$a+1-a-2x>0$$

$$1>2x$$

$$x<\frac{1}{2}=\left(-\infty,\frac{1}{2}\right)$$

10. $|x+7|=12 \Rightarrow x_1+x_2=?$

A)-16 B)-14 C)-12 D)-10
E)8

(Solution):

$|x + 7| = 12 \Rightarrow$

$x + 7 = 12 \quad (or) \; -x - 7 = 12$

$x_1 = 5 \quad\quad (or) \quad\quad -x = 19$

$\quad\quad\quad\quad\quad\quad\quad\quad x_2 = -19$

$\quad\quad\quad\quad\quad\quad x_1 + x_2 = 5 + (-19)$

$\quad\quad\quad\quad = -14$

11. $x < 0 \Rightarrow |x - 1| + |2 - x| - |x| = ?$

A)1-x B)3-x C)1-2x D)3-2x
E)3-3x

(Solution):

$x < 0 \Rightarrow x - 1 < 0, 2 - x > 0$

$|x - 1| + |2 - x| - |x| = -x + 1 + 2 - x(-x)$

$\quad\quad\quad\quad\quad\quad\quad = -x + 1 + 2 - x + x$

$\quad\quad\quad\quad\quad\quad\quad = 3 - x$

12. $x^2 + y^2 - 2xy - 4 = 0 \Rightarrow |x - y| = ?$

A)-3 B)-1 C)1 D)2 E)4

(Solution):

$x^2 + y^2 - 2xy - 4 = 0$

$(x - y)^2 - 2^2 = 0$

$(x - y + 2).(x - y - 2) = 0$

$\Rightarrow x - y + 2 = 0 \quad (or) \quad x - y - 2 = 0$

$x - y = -2 \qquad\qquad\qquad x - y = 2$

$= |x - y| = 2$

13. $|x - y + 1| + \sqrt{9x^2 - 6xy + y^2} = 0 \Rightarrow x + y = ?$

A)$\dfrac{1}{2}$ B)$\dfrac{3}{2}$ C)1 D)2
E)3

(Solution):

$|x - y + 1| + \sqrt{(3x - y)^2} = 0$

$\Rightarrow |x - y + 1| + |3x - y| = 0$

$\Rightarrow 3x - y = 0, x - y + 1 = 0$

$\Rightarrow y = 3x, x - 3x + 1 = 0$

$-2x + 1 = 0$

$x = \dfrac{1}{2}$

$$y = 3\left(\frac{1}{2}\right)$$
$$= \frac{3}{2}$$
$$x + y = \frac{1}{2} + \frac{3}{2} = 2$$

1. $\dfrac{|1-5|-|-4|+|3|+5}{5+|-4|} = ?$

A)0   B)1   C)2   D)3   E)4

2. $|4-\sqrt{8}| + |2-\sqrt{8}| = ?$

A)0   B)1   C)2   D)$\sqrt{2}$ E)$2\sqrt{2}$

3. $x < 0 < y \Rightarrow |x| - |y| - |x-y| - |y-x| = ?$

A)y-3x   B)0   C)x+3y   D)x-3y   E)x+y

4. $a < \dfrac{3}{4} \Rightarrow |4a-3| - |12-4a| = ?$

A)-10   B)-9   C)-3   D)8   E)12

5. $a < -2 \Rightarrow \sqrt{a^2 - 7a + 18} + \sqrt{a^2 + 4a + 4} = ?$

A)4-a   B)a-4   C)2-a   D)2+a   E)a+4

6. $4(x+1) - 2 < x - 1 \Rightarrow x \in ?$

A)x<0 B)x>$\frac{1}{2}$ C)$x>-\frac{1}{3}$ D)$x<\frac{1}{3}$
E)x<-1

7. $a - \frac{a+4}{3} < 4 \Rightarrow a \in ?$

A)a<0 B)a>8 C)a<$\frac{10}{3}$ D)a>10
E)a<8

8. $|y.(y-1)| = 2 \Rightarrow (SS) = ?$

A){-2,-1} B){-1} C){-1,2} D){0,2}
E){0,1}

9. $||x-3|-4| = 7 \Rightarrow (SS) = ?$

A){-8} B){-1,2} C){11}

D){-8,14} E){14}

10. $|6 - |4x+3|| = 7 \Rightarrow (SS) = ?$

A)$\left\{-4, \frac{5}{2}\right\}$ B){-4,5}   C)$\left\{-2, \frac{5}{2}\right\}$
D){-4,5}   E){-5,2}

11. $-6 < a < -2$ (and)

$|a+2| + |a+6| + x = 10 \Rightarrow x = ?$

A)6   B)a   C)-2a
D)8   E)10

12. $|3 - 2x| = x - 3 \Rightarrow (SS) = ?$

A){0}   B){2}   C)∅
D){-1}   E){-2}

13. $2a - 4 = |a - 1| \Rightarrow a = ?$

A)0   B)1   C)2
D)3   E)4

14. $|4 - 2x| \leq 8 \Rightarrow (SS) = ?$

A)(3,5)   B)(-∞,6)   C)(-2,+∞)   D)(-2,6)   E)(-2,6)

15. $\left|\dfrac{x+5}{4}\right| \leq 4 \Rightarrow (SS) = ?$

A) $(-\infty, 0)$ B) $(-21, 11)$ C) $(-10, 21)$

D) $(-2, 30)$ E) $(-10, 21)$

16. $3 < |2x - 1| < 7 \ , x \in Z \Rightarrow \sum x = ?$

A) -2   B) -1   C) 0   D) 1
E) 2

17. $\left.\begin{array}{l} x + y - 0 \\ x^2 . y < 0 \end{array}\right\} \Rightarrow |y - x| - |x - 3y| = ?$

A) -2y   B) 4y-2x   C) 2x-4y   D) 2x
E) 2y

18. $|3x - 4| < 5$

How many integer X values are there in the solution set?

A) 1   B) 2   C) 3   D) 4
E) 5

19. $x < y0 < z$ (and)

$|y - x| + |y - z| + 2.|x - z| = 3 \Rightarrow z - x = ?$

A)1 B)2 C)3 D)4
E)5

20. $1 \leq |2x - 1| < 5 \Rightarrow (SS) = ?$

A)(-1,0)U(2,3)   B)(1,3)U(-2,1)   C)(1,3)U(0,2)
D)(1,3)U(-2,1)   E)(-1,1)U(1,3)

21. $|3 + |x^2 + 4|| = 23 \Rightarrow \sum x = ?$

A)0 B)2 C)5 D)9
E)14

22. $\dfrac{2.x^4}{|x^3|} + 3x = 20 \Rightarrow \sum x = ?$

A)4 B)8 C)12 D)16
E)24

23. $|3 + 2x| = 15 \Rightarrow \sum x = ?$

A)9   B)6   C)3   D)0
E)-3

(ANSWERS)					
1.B	2.C	3.D	4.B	5.A	6.E
7.E	8.C	9.D	10.A	11.A	12.C
13.D	14.E	15.B	16.D	17.E	18.C
19.A	20.D	21.A	22.E	23.E	

1. $-4 < x < 2 \Rightarrow |x-2| + |x+4| + 1 = ?$

A) 3   B) 4   C) 5   D) 6   E) 7

2. $x < 0 < y < -z \Rightarrow |x-y| - |y-z| - |x+z| = ?$

A) x-2   B) 0   C) 2y   D) 2z   E) 2(x+y+z)

3. $x < 0 \Rightarrow ||x|+2| - |-x| = ?$

A) 2   B) x   C) 2x+2   D) 2-x
E) 2x-2

4. $x < 0 < y \Rightarrow \sqrt{x^2} - |x-y| + \sqrt{y^2} = ?$

A) -2x   B) -2y   C) x-y   D) 2(x+y)   E) 0

5. $|2x-3| = 5 \Rightarrow (SS) = ?$

A) {4}   B) {-1}   C) {-1,4}   D) {1,4}   E) {-1,2}

6. $||2x+1|+4| = 3 \Rightarrow (SS) = ?$

A) (-1)   B) (-4,-1)   C) (-1,1,4)   D) ∅   E) (-4,1.4)

52

7. $x < y < 0 < z \Rightarrow$

$$\sqrt{x^2 - 2xy + y^2} - \sqrt{x^2 - 2xz + z^2} + \sqrt{y^2 - 2yz + z^2} = ?$$

A)0 B)3x C)y D)x+y+z E)z

8. $A = \{x\sqrt{(x-3)^2} = 3 - x, x \in R\} \Rightarrow x \in ?$

A)(0,3) B)(-∞,3) C))3,+∞) D)(-3,3)
E)R

9. $|-3x + 7| = 5 \Rightarrow \sum x = ?$

A)6 B)$\frac{4}{3}$ C)$\frac{8}{3}$ D)12 E)$\frac{14}{3}$

10. $x \in R, x < -2 \Rightarrow$

$$x + \sqrt{x^2 + 5x + 1} + \sqrt{x^2 - 6x + 9} = ?$$

A)x-2 B)x C)=x-2 D)2-x E)-2

11. $2 < x < 6 \Rightarrow |x-2| + |x-6| + 2x = 10 \Rightarrow x = ?$

A)3 B)4 C)5 D)6 E)8

12. $|x| - 2 = |x - 2| \Rightarrow (SS) = ?$

A)R B)$(-\infty, 0)$ C)$(-2, +\infty)$ D)$(2, +\infty)$
E)$\emptyset$

13. $|3 - |x - 1|| = 2 \Rightarrow \sum x = ?$

A)0 B)2 C)3 D)4
E)5

14. $|2x - 6| + |4y + 20| = 0 \Rightarrow x + y = ?$

A)-2 B)-1 C)3 D)8
E)14

15. $|x| + |y| + |z| = 2, \quad x,y,z \in Z$

A)-1 B)0 C)2 D)4
E)6

16. $x > 2$, $|3x + |2 - x|| = 10 \Rightarrow (SS) = ?$

A){2} B){3} C){4} D){-2,2}
E){2,3}

17. $a < b < 0 < c \Rightarrow \dfrac{|a - b| + |c - b|}{|-c| + |-a|} = ?$

A)1 B)2 C)-1 D)a E)2a-b

18. $|2x - 4| + |y - 5| + |z + 2| = 0$
$\Rightarrow x + y + z = ?$

A)2 B)3 C)4 D)5 E)6

19. $x < -5 \Rightarrow |5x + |4x - 5|| + x = ?$

A)-5 B)-8x+5 C)-2x-5 D)-x E)-2x+5

20. $3 < x < 4 \Rightarrow \sqrt{x^2 - 5x + 5} + \sqrt{x^2 - 8x + 16} + x = ?$

A)2x-3 B)-2x+3 C)5 D)3 E)4x+2

21. $\sqrt{(2-|x|)^2} = 1 \Rightarrow \sum x^2 = ?$

A) 74   B) 52   C) 50   D) 34   E) 20

22. $|x|^{(x^2+x-2)} = 1 \Rightarrow (SS) = ?$

A) {-2,1}   B) {2,-1}   C) {-2,0,2}   D) {2}   E) {-1}

23. $|3x-2| = 2x-1 \Rightarrow (SS) = ?$

24. $\dfrac{x+3}{|x-1|+2} = \dfrac{1}{2} \Rightarrow (SS) = ?$

A) (-5,-1)   B) (-5)   C) (-1)   D) ∅   E) (-1,+5)

(ANSWERS)					
1.E	2.D	3.A	4.E	5.C	6.D
7.A	8.B	9.E	10.E	11.A	12.D
13.D	14.A	15.B	16.B	17.A	18.D
19.A	20.A	21.E	22.C	23.C	24.C

1. $x < 0 < y \Rightarrow |x| - |y| - |x-y| - |y-x| = ?$

A)-3x+y   B)0   C)x+3y   D)x-3y
E)x+y

2. $|3 - 2\sqrt{3}| + |4 - 2\sqrt{3}| = ?$

A)0   B)1   C)2   D)$\sqrt{2}$ E)$2\sqrt{2}$

3. $3.|-3 + 4 - (-2)| - 4.|-3| = ?$

A)-3   D)-2   C) 1   D)0   E)1

4. $x < 3 \Rightarrow |x - 3| + 5x - 4 = ?$

A)6x-1   B)6x-7   C)4x+2   D)2x+1   E)4x-1

5. $a < \dfrac{1}{2} \Rightarrow |1 - 2a| - |-2a + 6| = ?$

A)-10   B)-9   C)-5   D)8   E)12

6. $x > 0, y < 0 \Rightarrow \sqrt{x^2} + \sqrt{y^2} = ?$

A)2x B)x-y C)x+y D)2y E)0

7. $a < -2 \Rightarrow \sqrt{a^2 + 4a + 4} = ?$

A)4-a B)-2-a C)2+a D)a+4 E)a-4

8. $1 < a < 2 \Rightarrow \sqrt{a^2 - 4a + 4} - \sqrt{a^2 - 2a + 1} + 1 = ?$

A)5-a B)3-a C)2(a+2) D)4-a E)2(2-a)

9. $a < 0, b > 0 \Rightarrow \sqrt{9a^2} - \sqrt{4b^2} - |a - b| = ?$

A)-(a+b) B)-(2a+3b) C)3a-b D)2(a-b) E)-2(2a-b)

10. $a < 0 \Rightarrow \dfrac{|-5a| + |a| + |-4a|}{|a|} = ?$

A)10a B)-12a C)15 D)-10 E)10

11. $|2 - 4x| = 6 \Rightarrow (SS) = ?$

A){-8} B){-2,1} C){1} D){-1,2} E){14}

12. $|5x - 3| = x - 9 \Rightarrow (SS) = ?$

A) $\left\{\dfrac{3}{2}\right\}$ B) $\{2\}$ C) $\{3\}$ D) $\left\{-\dfrac{3}{2}\right\}$ E) $\emptyset$

13. $|x - 1| - |x + 1| = 1 \Rightarrow (SS) = ?$

A) $\{0\}$ B) $\left\{-\dfrac{1}{2}\right\}$ C) $\left\{-\dfrac{2}{3}\right\}$ D) $\{2\}$ E) $\{3\}$

14. $||4x + 3| + |5 - x|| = 7 \Rightarrow x = ?$

A) -2 B) -1 C) 0 D) 2 E) 9

15. $n \in Z^+, x < 0 < y \Rightarrow \sqrt[2n]{x^{2n}} + \sqrt[2n-1]{y^{2n-1}} = ?$

A) $x-y$ B) $y-x$ C) $-x-y$ D) $x+y$ E) xy

16. $\dfrac{1}{|x + 1| + |4 + 4x|} = \dfrac{4}{5} \Rightarrow x_1 \cdot x_2 = ?$

A) 5 B) $\dfrac{12}{25}$ C) $\dfrac{15}{16}$ D) 8 E) 12

17. $|6 - |4x + 3|| = 7 \Rightarrow \sum x = ?$

A) -4   B) 3   C) $-\dfrac{2}{7}$ D) $\dfrac{4}{5}$ E) $-\dfrac{3}{2}$

18. $\dfrac{x+5}{|x-5|-3} = 2 \Rightarrow (SS) = ?$

A) $\left\{-\dfrac{1}{3}, 5\right\}$ B) {1, 21}   C) $\left\{-\dfrac{1}{3}, 21\right\}$ D) $\left\{\dfrac{1}{3}, \dfrac{2}{5}\right\}$
E) {3}

19. $|x^2 + 3| = |x + 5| \Rightarrow \sum x = ?$

A) -2   B) 0   C) 1   D) 2
E) 5

20. $|3x - 5| = -x \Rightarrow (SS) = ?$

A) {1}   B) $\left\{\dfrac{5}{2}\right\}$ C) $\left\{\dfrac{4}{3}\right\}$ D) $\emptyset$
E) $\left\{\dfrac{2}{3}\right\}$

21. $|x-b| = |4x+b| \Rightarrow \sum x = ?$

A) -3b B) 2b C) $-\dfrac{2b}{3}$ D) $\dfrac{b}{2}$ E) $-\dfrac{5}{2}$

22. $|a^2 - 16| - |a+4| = 0 \Rightarrow (SS) = ?$

A) {-2,4,3} B) {-4,3,5} C) {-2,3,6} D) {2,-1,0}
E) {-1,0,1}

23. $a < 0 < b, b > |a| \Rightarrow$

$$\dfrac{|(a-b)(a+b)| - \sqrt{a^2 - 2ab + b^2}}{a-b} = ?$$

A) a-b+1 B) 1-a-b C) 1+a D) -1+a+b
E) a+b+1

(ANSWERS)						
Z	2.B	3.A	4.E	5.C	6.B
7.B	8.E	9.B	10.E	11.D	12.E

13.B	14.B	15.B	16.C	17.E	18.C
19.C	20.D	21.C	22.B	23.B	

1. $|x-5| < |x-3|, x \in Z \Rightarrow x_{min} = ?$

A) 4 B) 5 C) 6 D) 7
E) 10

3. $|4x - 2x| \leq 8 \Rightarrow x \in ?$
4.

A) (3,5) B) $(-\infty, 6)$ C) $(-2, +\infty)$ D) (-2,6)
E) (-2,6)

5.
6. $\left|\dfrac{4x-3}{5}\right| > 3 \Rightarrow x \in ?$

A) $\left(\dfrac{9}{5}, 5\right)$ B) $\left(-3, \dfrac{9}{2}\right)$ C) $-\infty, \dfrac{9}{2}$ D)(
$-\infty, -3) \cup \left(\dfrac{9}{2}, +\infty\right)$ E)($-\infty, -3) \cup \left(\dfrac{9}{2}, +\infty\right)$

7. $|2x+1| \leq |2x-3|, x \in Z \Rightarrow x_{max} = ?$
8.

A) 0 B) 1 C) 2 D) 3
E) 4

5. $x \in Z, 5 < |x-4| < 8 \Rightarrow \sum x = ?$

A)-5 B)16 C)21 D)25
E)30

6. $\left|\dfrac{x+7}{2}\right| \leq 7 \Rightarrow x \in ?$

A)$(-\infty,0)$ B)$(-21,7)$ C)$(-10,21)$ D)$(-2,30)$
E)$(-10,21)$

7. $|x-2| \leq |x-4| \Rightarrow x \in ?$
8.

A)$(-\infty,0)$ B)$(-\infty,-3)$ C)$(-\infty,-3)$
D)$(-\infty,3)$ E)$(2,3)$

8. $x \in Z$,

$3 < |2x-1| < 7 \Rightarrow \sum x = ?$

A)-2 B)-1 C)0 D)1
E)2

9. $|2x-2| \leq |x+2| \Rightarrow x \in ?$

A)$(-2,0)$ B)$(0,4)$ C)$(-2,4)$ D)$(-2,0) \cup (2,+\infty)$
E)$(4,+\infty)$

10. $\left.\begin{array}{l}|x+2|<4\\|x-1|>3\end{array}\right\} \Rightarrow \sum x = ?$

A)6 B)7 C)-9 D)-12
E)-14

11. $x.|x| \leq 2 \Rightarrow (SS) = ?$

A)$(-\infty, -2)$ B)$(\sqrt{2}, \infty)$ C)$(-\infty, -\sqrt{2})$ D)$(-\sqrt{2}, \sqrt{2})$
E)$(-\infty, \sqrt{2})$

12. $x \in Z$

$4 < |2x-1| \leq 5 \sum x = ?$

A)0 B)1 C)2 D)3
E)4

13. $|x+1| \leq |x-3| \Rightarrow (SS) = ?$

A)(0,1) B)$(-\infty,1)$ C)$(1,+\infty)$ D)R
E)(-1,1)

14. $x \in Z$

$2 \leq |x-1| \leq 5 \Rightarrow \sum x = ?$

A)4   B)5   C)6   D)7
E)8

15. $\left|\dfrac{3}{x-2}\right| \geq 1 \Rightarrow (SS) = ?$

A)(-1,5)-(2)   B)(0,2)   C)(2,3)   D)(2,+∞)
E)(-∞,3)

16. $x \in Z$

$\sqrt{x^2 - 6x + 9} = 3 - x,\ |x+2| = x+2$

$\Rightarrow \sum x = ?$

17. $|3x - 2| < 8 \Rightarrow (SS) = ?$

A) (-2,0)   B)(-2, $\dfrac{10}{3}$)   C)(0,2)   D)(-2, $\dfrac{10}{3}$)
E)(-2, $\dfrac{10}{3}$)

18. $|x - 2| < 4 \Rightarrow (SS) = ?$

A)-2<x<6 B)-2<x<0 C)2<x<6 D)-2<x<2
E)-2<x<4

19. $1 < \dfrac{|1-x|}{4} < 2 \Rightarrow x \in ?$

A)(-9) B)(-4,7) C)(-7,-3)∪(5,9)
D)(5,12)

20. $|x^2 - 8| < 8 \Rightarrow x \in ?$

A)(-4,4) B)(-4,4)-(0) C)R D)(-∞,4)
E)(-4,+∞)

21. $|x^2 - 2| \leq 7 \Rightarrow x \in ?$

A)(-4,0) B)(-3,3) C)(-2,4) D)(0,4)
E)3,5

22. $|x^2 + 3| \leq 7 \Rightarrow x \in ?$

A)(-2,2) B)(-∞,2) C)(-2,+∞) D)R-(-2,2)
E)R-(-√3,√3)

23. $x^2 + 2|x| - 15 < 0 \Rightarrow x \in$?

A)(-5,3)   B)-3,5)   C)(-3,3)   D)(-3,+∞)
E)(-∞,-5)

				(ANSWERS)	
1.B	2.E	3.B	4.A	5.B	6.B
7.D	8.D	9.B	10.B	11.E	12.B
13.B	14.E	15.A	16.B	17.D	18.A
19.C	20.B	21.B	22.A	23.C	

1. $4^{|x-2|} = 64 \Rightarrow (SS) = ?$

A)(-1,5)　　　B)(-1)　　　C)(5)　　　D)(-5,1)
E)(2)

2. $|2x + 4| = 7 \Rightarrow (SS) = ?$

A)$\left\{\dfrac{11}{2}, \dfrac{-3}{2}\right\}$　　B)$\left\{\dfrac{3}{2}, \dfrac{11}{2}\right\}$　　C)$\left\{-\dfrac{11}{2}, \dfrac{2}{3}\right\}$　　D)

$\left\{-\dfrac{11}{2}, \dfrac{3}{2}\right\}$　　E)$\left\{\dfrac{5}{2}, 6\right\}$

3. $|2x + 6| = |2x - 2| \rightarrow x - ?$

A)0　　　B)-1　　　C)3　　　D)6
E)24

4. $|x - 2| + |x - 3| = 7 \Rightarrow (SS) = ?$

A)(0,1,2)　　　B)(1,6)　　　C)(-1,6)　　　D)(-1)
E)(6)

5. $x \in Z, |2x - 9| \leq 5 \Rightarrow \sum x = ?$

A)22 B)23 C)25 D)26 E)27

6. $a < 0 < b \Rightarrow$

$|a - b| - |b - 2a| - |a| = ?$

A)b B)-b C)2b-a D)2a E)-a

7. $|x + y + 3| + |x - y - 1| = 0 \Rightarrow |y| = ?$

A)1 B)2 C)3 D)4 E)5

8. $|2x + 1| - |x - 2| = 0 \Rightarrow \sum x = ?$

A)0 B)-1 C)1 D)2 E)$-\dfrac{8}{3}$

9. $a < |a| = b,$

$|a - b| - |a + b| + |a + b| = 0 \Rightarrow a = ?$

A)-4 B)-2 C)0 D)2 E)4

10. $a < 0 < b \Rightarrow |a| - |-b| + |a - b| + |b + 2| = ?$

70

A)-b+2　　　B)-2a+b+2　　　C)-b-a-2　　　D)a-b-2
E)-2b+2

11. $|x^2 - 4x| < x \Rightarrow ? < x < ?$

A)0<x<3　　　B)2<x<3　　　C)3<x<5　　　D)4<x<5
E)4<x<6

12. $x \in Z, 4 \leq |x - 2| < 5 \Rightarrow \sum x = ?$

A)6　　　D)5　　　C)1　　　D)-8　　　F)-2

13. $a^2 < a$

$a \cdot c < 0 \Rightarrow |a| - |c - a| + |c| = ?$

A)-2c　　　B)0　　　C)a　　　D)-2c
E)2a-2c

14. $2 < x < 5 \Rightarrow \dfrac{|x - 5| - |x - 2|}{|x| - |x + 1|} = ?$

A)x+7　　　B)5-x　　　C)2x-7　　　D)-x+2
E)2x+7

15. $0 < x < 3 \Rightarrow |x-3| + \sqrt{x^2 - 6x + 9} - |3-0| = ?$

A) 3-x   B) x-3   C) 3-2x   D) 4x-3   E) 3

16. $x < 0 < y \Rightarrow$

$$\frac{|x-2y| - |y-x| - |y|}{|y| - |x|} = ?$$

A) -x   B) 2y   C) -2   D) 1   E) 0

17. $X > y, x+y=0$

$$\frac{|x^2 - 2xy| + |y - 2x|}{2|x| + |y|} = 4 \Rightarrow (x-y) = ?$$

A) -1   B) 0   C) 3   D) 6   E) 7

18. $x \in Z, \dfrac{|x|+4}{1-|2x-3|} < 0 \Rightarrow \sum x = ?$

A) -4   B) -3   C) 0   D) 6   E) 8

19. $3^x = 220 \Rightarrow |x-5| + |x-4| = ?$

A)0   B)1   C)2   D)9   E)4

20. $x \in Z, 2 \leq |x-1| < 6 \Rightarrow \sum x = ?$

A)0   B)2   C)5   D)8   E)12

21. $x \in Z, \left|\dfrac{2^x}{8} - 2\right| \leq 7 \Rightarrow \max(x) = ?$

A)0   B)1   C)4   D)6   E)7

22. $a < 0 < b \Rightarrow |a| + |b| - |a-b| = ?$

A)-a   B)-b   C)0   D)a   E)b

23. $a < b < 0 \Rightarrow$
$|a+b| - |b-a| + \sqrt{a^2 - 2ab + b^2} = ?$

A)2a   B)a+b   C)b-a   D)a-b   E)-a-b

24. $|2x-1| = 5 \Rightarrow (SS) = ?$

A)(-3)   B)(-2)   C)(3)   D)(-2,3)   E)(-3,2)

25. $|3 - 2x| + x = 6 \Rightarrow (SS) = ?$

A)(-3) B)(-2) C)(3) D)(-3,3)
E)(1,3)

26. $|3x - 6| + |2 + y| + |9 + 3z| = 0 \Rightarrow x + y + z = ?$

A)-3 B)-2 C)-1 D)3 E)5

27. $\left|\dfrac{3}{x} - 1\right| + 3 = 0 \ (SS) = ?$

A)$\emptyset$ B)(3) C)1,3) D)(-1,3) E)R

28. $\left|\dfrac{x - 5}{7}\right| > 0 \Rightarrow (SS) = ?$

A)$(5,+\infty)$ B)$(-5,+\infty)$ C)(-5,5) D)R
E)R-(5)

(ANSWERS)						
1.A	2.D	3.B	4.C	5.E	6.D	
7.B	8.E	9.B	10.B	11.C	12.C	
13.B	14.C	15.C	16.E	17.B	18.B	
19.B	20.D	21.D	22.C	23.E	24.D	
25.D	26.A	27.A	28.E			

1. $x < -2 \Rightarrow |2x| + |x+2| - |-2x| - |-x| = ?$

A) -2   B) 1   C) x   D) 2x   E) 5

2. $2(x-1) \leq -1 + 3(x+2) \Rightarrow (SS) = ?$

A) $x \geq 3$ B) $x \geq 1$ C) $x \leq -1$ D) $x \geq -3$
E) $x \geq -7$

3. $\dfrac{3}{4}(x+8) \geq -\dfrac{1}{2}(x+2) \Rightarrow (SS) = ?$

A) $x \geq -2$ B) $x > -\dfrac{8}{5}$ C) $x > -1$ D) $x > \dfrac{1}{2}$
E) $x \geq -16$

4. $\dfrac{5}{6}(x-12) \geq 1 + \dfrac{1}{6}(x-6) \Rightarrow (SS) = ?$

A) $(6, +\infty)$ B) $(9, +\infty)$ C) $(15, +\infty)$ D) $(-\infty, 21)$
E) $(-\infty, 18)$

5. $a < 0 < b \Rightarrow |a-b| + |-b| - |-a| = ?$

A)a B)2a C)2b
D)2a+2b D)c-b

6. $a < b < 0 \Rightarrow |a+b| + |b-a| + |a-b| = ?$

A)2a B)2b C)b-3a D)a-2b
E)2a+3b

7. $\dfrac{x+7}{x} > -\dfrac{3}{4} \Rightarrow (SS) = ?$

A)(-∞, -4) B)(-∞, -3) C)R(-4,-2) D)(-∞, -1)
F)R(-4,0)

8. $\left|x - \dfrac{2}{3}\right| = \dfrac{2}{3} - 1 \Rightarrow (SS) = ?$

A)(1) B)(2) C)(3,6) D)∅
E)(4,5)

9. $|x| = 3x - 8 \Rightarrow (SS) = ?$

A)(2) B)(4) C)(5) D)(6)
E)(8)

10. $|x+1| = 2x + 4 \Rightarrow (SS) = ?$

A)(0) B)$\left\{-\frac{1}{2}\right\}$ C)$\left\{-\frac{5}{3}\right\}$ D)(-2)
E)(-3)

11. $|6 - x| = x \Rightarrow (SS) = ?$

A)(1) B)(2) C)(3) D)(4)
E)(5)

12. $|2x + 3| = 9 \Rightarrow (SS) = ?$

A)(-2,2) B)(-4,3) C)(-6,2) D)(-6,3)
E)(-7,5)

13. $\left|\frac{3x}{5} + \frac{x}{2}\right| = 1 \Rightarrow (SS) = ?$

A)$\left\{-\frac{10}{11}, \frac{10}{11}\right\}$ B)$\left\{-\frac{12}{13}, \frac{12}{13}\right\}$ C)$\left\{-\frac{1}{2}, \frac{1}{2}\right\}$

D)$\left\{\frac{3}{5}\right\}$ E)$\frac{2}{5}$

14. $|3x - 4| = 6 - x \Rightarrow \sum x = ?$

A)$\frac{7}{2}$ B)$\frac{5}{2}$ C)$\frac{3}{2}$ D)$\frac{1}{2}$ E)0

15. $|5x+2| = |2x+5| \Rightarrow \sum x = ?$

A)9 B)8 C)2 D)1
E)0

16. $|4x-6| + x^2 = 0 \Rightarrow (SS) = ?$

A)(1) B)(2) C)(4) D)(6)
F)∅

17. $x < y < 0 \Rightarrow \sqrt{16x^2} + \sqrt{25y^2} - |4x+y| = ?$

A)-2x B)-2x+2y C)-4y D)-4y+x
E)x+y

18. $a < 0 < b \Rightarrow \dfrac{\sqrt{a^2} + \sqrt{b^2}}{|a| + |-b|} = ?$

A)-1 B)1 C)2 D)3
E)a+b

19. $|x-1|+|x-2|=13 \Rightarrow \sum x = ?$

A)-3   B)-2   C)0   D)2   E)3

20. $x<2 \Rightarrow \sqrt{x^2-4x+4}-|2-x|=?$

A)6x   B)-4x   C) $-\frac{7}{2}$ D)-3   E)0

21. $x<0 \Rightarrow |x-|3x|+|-x||=?$

A)x   B)-x   C)-2x   D)-3x   E)-4x

22. $x<1 \Rightarrow \sqrt{x^2-3x}+\sqrt{x^2-2x+1}=?$

A)2-x   B)x-2   C)$|-x|$ D)x   E)2

23. $|3x-2|<5 \Rightarrow (SS)=?$

A) $\left(-1, \frac{7}{3}\right)$ B)$\left(-1, \frac{7}{3}\right)$ C)$(-\infty, -1)$ D)$\left(\frac{7}{3}, +\infty\right)$

E)∅

24. $||x+3|+2|=5 \Rightarrow \sum x = ?$

A)-10   B)-6   C)-3   D)0
E)3

				(ANSWERS)	
1.A	2.E	3.E	4.C	5.C	6.C
7.E	8.D	9.B	10.C	11.C	12.D
13.A	14.C	15.E	16.E	17.C	18.B
19.E	20.E	21.D	22.A	23.A	24.B

1. $a < b < c < 0 \Rightarrow$
$|b - c| - |b + a| + |a - c| = ?$

A) 2b B) b C) 0 D) 2c
E) a-b

2. $a < 0 \Rightarrow \dfrac{|4a - 3|}{|-3a| + |3 - a|} = ?$

A) $\dfrac{4a - 3}{-2a - 3}$ B) $\dfrac{4a - 3}{2a + 3}$ C) 1 D) $\dfrac{4a - 3}{4a + 3}$

E) -1

3. $x < 0 \Rightarrow |4x - |2 + |-2x||| + |2x - |x|| = ?$

A) 5x+2 B) x C) -x+2 D) 3x+2
E) -9x+2

4. $a \in R, 4 < a < 7$
$f(x) = |a + x - 4| - |x - a| \Rightarrow f(4) = ?$

A) 4 B) 5 C) 6 D) 7
E) 8

5. $x < 0 < y \Rightarrow$

$\sqrt{x^2 - 6xy + 9y^2} - 3y\sqrt{4x^2} - |2y - x| - 6xy = ?$

A) y-x B) y C) -2y+x D) -x
E) 0

6. $a < -2 \Rightarrow |4a - |3a|| - 2 = ?$

A) 0 B) a-2 C) a+4 D) 6
E) -7a-2

7. $x, y \in R$

$|x + 2y| = 2$

$f(x,y) = \sqrt{x^2 + 4xy + 4y^2} - (x + 2y)^3$

$\Rightarrow \max\{f(x,y)\} = ?$

A) 12 B) 10 C) 4 D) -4
E) -6

8. $a > 0 \Rightarrow \sqrt[5]{a^5} - \sqrt{(-a)^2} = ?$

A) 2 B) 1 C) 0 D) -1
E) -2

9. $a < b < 0 \Rightarrow |a+b| - |b| - |-a| = ?$

A) 2b   B) -2b   C) a-b   D) 0
E) -2a

10. $f(x) = |4x+5|$,

$f(x) < 0 \Rightarrow (SS) = ?$

A) (0,1)   B) (2,3)   C) (0,1)   D) R

11. $5^{2x} - 26.5^x + 25 \leq 0 \Rightarrow (SS) = ?$

A) (0,2)   B) (0,1)   C) {}
D) (0,1)   E) {2}

12. $\dfrac{-6}{1+|-x|} < 0 \Rightarrow (SS) = ?$

A) (-1,0)   B) (0,1)   C) R   D) ∅
E) (1,∞)

13. $(x-3)^{(x-3)} = 1 \Rightarrow (SS) = ?$

A)(2,3) B)(3,4) C)(2,3,4)
D)(4)   E)Z^+

14. $-3 < |2x-1| \leq (SS) = ?$

A)(-3,5) B)(-1,3) C)(-1,2)
D)(-2,3) E)(-2,3)

					(ANSWERS)
1.A	2.C	3.E	4.A	5.B	6.E
7.B	8.C	9.D	10.E	11.D	12.C
13.D	14.C				

www.ingramcontent.com/pod-product-compliance
Lightning Source LLC
Chambersburg PA
CBHW072032230526
45466CB00020B/1740